施工现场防火安全知识读本

白雅君　郭树林　主编

U0725498

中国建筑工业出版社

图书在版编目（CIP）数据

施工现场防火安全知识读本/白雅君等主编.—北京：中国建筑工业出版社，2011.6
（2020.11 重印）

ISBN 978-7-112-13164-8

Ⅰ.①施… Ⅱ.①白… Ⅲ.①建筑工程-工程施工-防火 Ⅳ.①TU714

中国版本图书馆 CIP 数据核字（2011）第 064168 号

施工现场防火安全知识读本
白雅君　郭树林　主编
*
中国建筑工业出版社出版、发行（北京西郊百万庄）
各地新华书店、建筑书店经销
北京天成排版公司制版
北京建筑工业印刷厂印刷
*
开本：850×1168 毫米　1/64　印张：1⅛　字数：85 千字
2011 年 6 月第一版　　2020 年 11 月第四次印刷
定价：**12.00** 元
ISBN 978-7-112-13164-8
（36245）

本书主要内容包括施工前应接受的防火教育、不同施工作业的防火安全注意事项、不同施工阶段的防火安全注意事项、施工现场的防火安全、生活区的防火安全、如何存放易燃易爆材料以及积极参与义务消防队等。本书采用漫画形式，将贴近施工现场与农民工有关的防火、灭火等知识，生动形象地表现出来，画面生动、文字简洁，图文并茂，携带方便，融知识性、趣味性和可读性于一体，是建筑业农民工入场防火安全知识普及教育的好帮手。

　　责任编辑：刘　江　张　磊
　　责任设计：赵明霞
　　责任校对：陈晶晶　张艳侠

《施工现场防火安全知识读本》
编写人员

主　编　白雅君　郭树林

副主编　石敬炜　许佳华

编　委（按姓氏笔画排序）

于　涛　马文颖　王　玉　王丽娟

吕文静　刘艳君　齐丽娜　孙丽娜

李　东　李慧亭　张　楠　张黎黎

罗　娜　赵　慧　赵　蕾　赵春娟

陶红梅

前　言

　　农民工是我国经济建设和社会繁荣的重要建设力量。本书将农民在进城务工中，所涉及的建筑施工现场防火方面知识进行了详尽介绍，旨在通过加强一线工人防火意识从根本上保护其自身安全，避免造成巨大的经济损失。

　　本书采用漫画形式，将贴近施工现场与农民工有关的防火、灭火等知识，生动形象地表现出来，画面生动、文字简洁，图文并茂，携带方便，融知识性、趣味性和可读性于一体。主要内容包括施工前应接受的防火教育、不同施工作业的防火安全注意事项、不同施工阶段的防火安全注意事项、施工现场的防火安全、生活区的防火安全、如何存放易燃易爆材料以及积极参与义务消防队等。

目 录

1 施工前应接受的防火教育

　　常言道火不留情，火灾造成的后果是严重的，一场大火过后可以使整个工地化为灰烬，造成巨大的经济损失，甚至造成人员伤亡，农民工作为建筑工地一支生力军，必须对防火安全予以足够的重视。

　　施工单位对农民工进行防火教育，要采取各种形式，月月讲，年年讲，常备不懈。而且要落实到每一个人，时时处处保持防火意识，提高警惕，防患于未然。

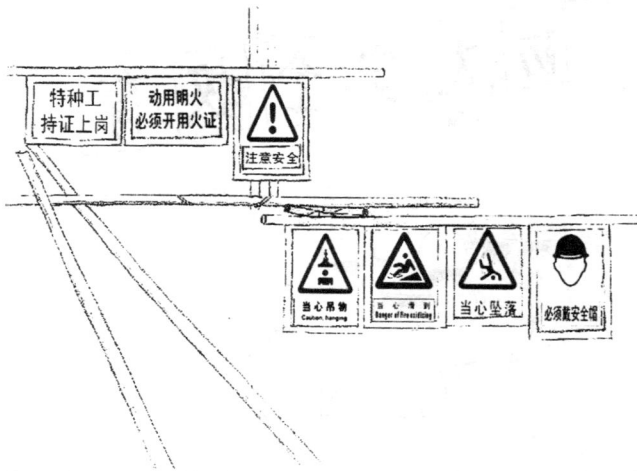

特种工
持证上岗

动用明火
必须开用火证

⚠️
注意安全

当心吊物 Caution hanging

当心车削 Danger of fire cutting

当心坠落

必须戴安全帽

施工现场有明显的防火宣传标志，农民工每次进入工地时都要看一看，随时提醒自己。

必须系安全带　禁止攀登　No climbing　禁止烟火

施工现场有明显的防火宣传标志，农民工每次进入工地时都要看一看，随时提醒自己。

　　从事电气设备安装和电气焊切割作业的电工、电气焊工要有操作证和用火证，用火证当日有效。

用火地点变换，要重新办理用火手续，用火证必须注明施工单位、工程名称、用火用途、用火部位、用火人、看火人和灭火器材等内容

　　因施工需要搭设临时建筑应符合防火要求。不得使用易燃材料，城区内的工地一般不准支搭木板房。

因施工需要进入工程内的可燃材料要根据工程计划限量进入并应采取可靠的防火措施。

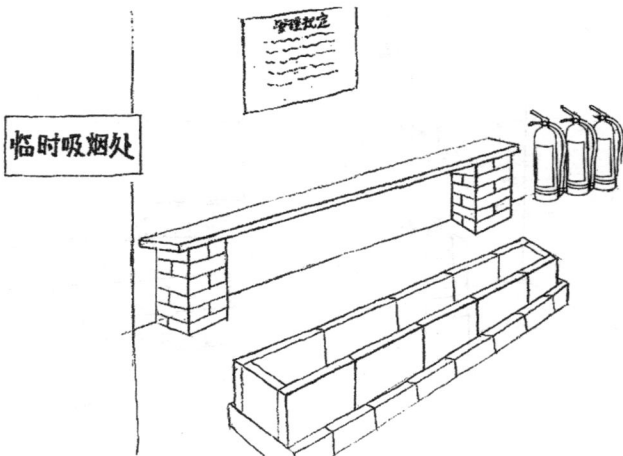

施工现场严禁吸烟，必要时施工单位可在没有易燃材料处设置临时吸烟室，但要有管理规定和防火措施。

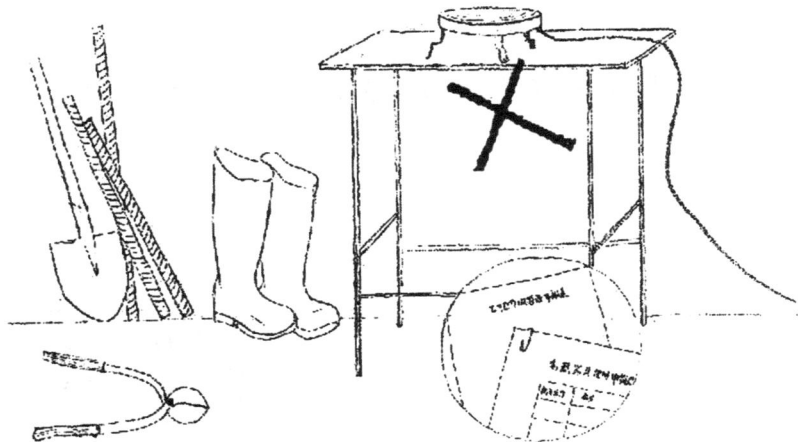

施工现场和生活区，未经保卫部门批准，不得使用电热器具。

2 不同施工作业的防火安全注意事项

在施工程要坚持防火安全交底制度，特别在进行电气焊、油漆涂刷或从事防水等危险作业时，要有具体的防火要求。

2.1 机电设备的使用

电气设备和线路必须绝缘良好，电线不得与金属物绑在一起。

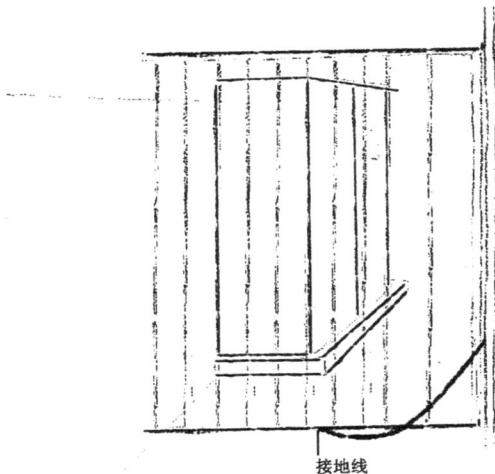

接地线

防雷接地、保护接地的接地装置应符合要求。

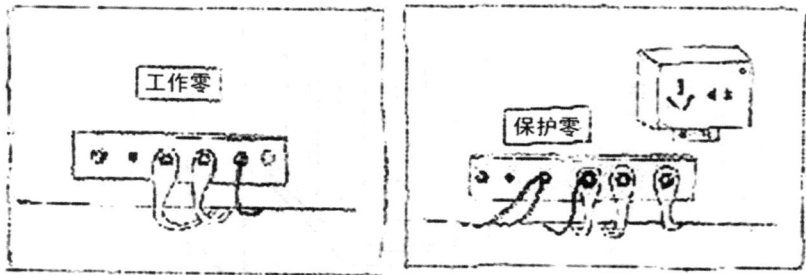

开关箱的保护零线和接地零线的端子分开设置。

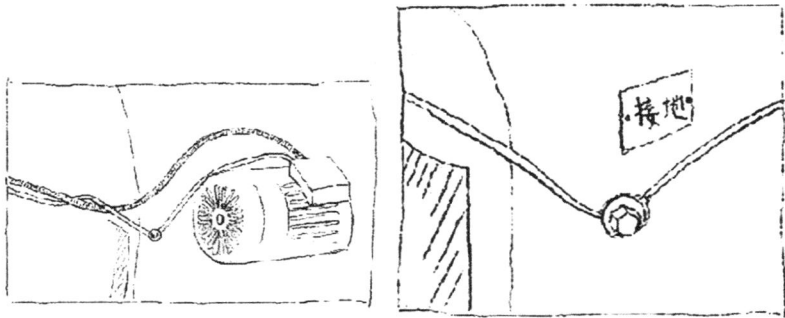

各种电动机具必须按规定接零接地，并设置单一开关。

遇有临时停电或停工休息时，必须拉闸加锁以防电气火灾。

　　各类电气设备线路不准超负荷使用。线路接头要接实接牢，防止设备线路过热或打火短路。

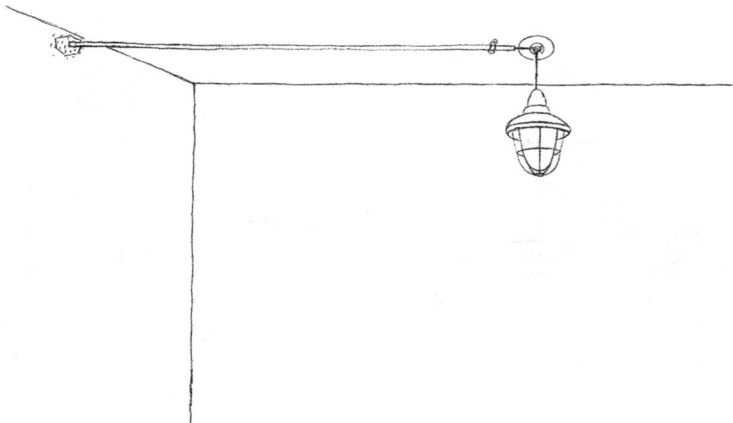

存放易燃液体、可燃气瓶的库房内，照明线要穿管保护，库内要采用防爆灯具，开关应设在库外。

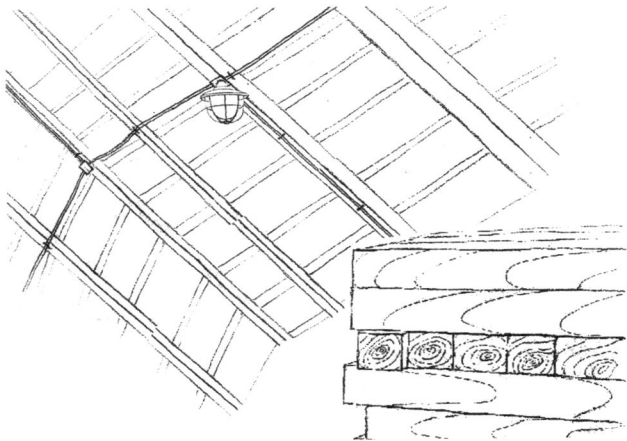

穿墙电线或靠近易燃物的电线要穿管保护，灯具与易燃物应保持有一定的安全距离。

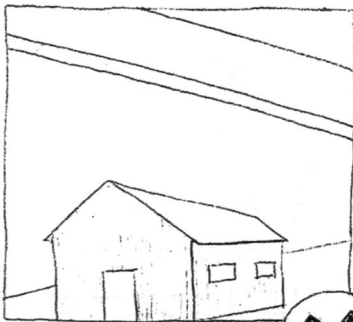

在高压线下面，不准搭设临时建筑，不准堆放可燃材料。

2.2 焊接作业

　　施焊场地周围应清除易燃易爆物品或进行覆盖隔离。必须在易燃易爆气体或液体扩散区施焊时，应经有关部门监视许可后方可施焊。

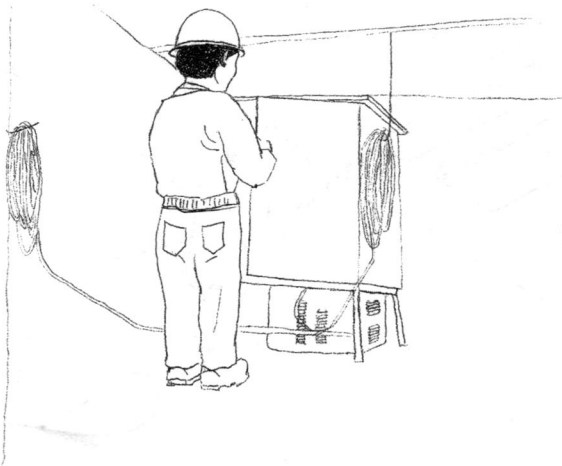

工作结束应切断焊机电源并检查操作地点，确认无起火危险后方可离开。

气焊操作人员必须遵守电气焊安全操作规程以及安全使用危险品的有关规定。

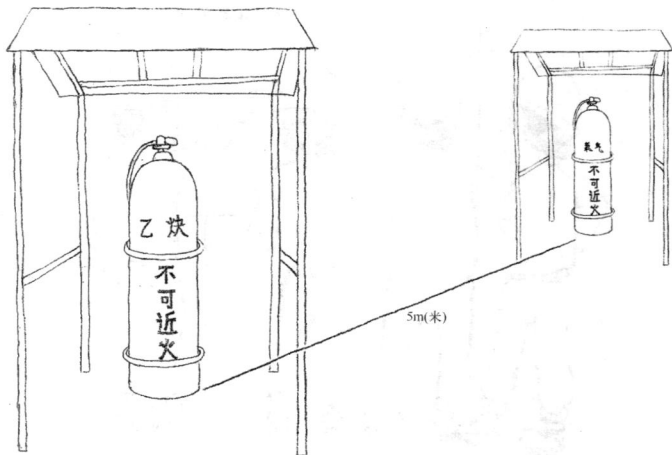

5m(米)

氧气瓶、乙炔瓶工作间距不得小于5m(米)。

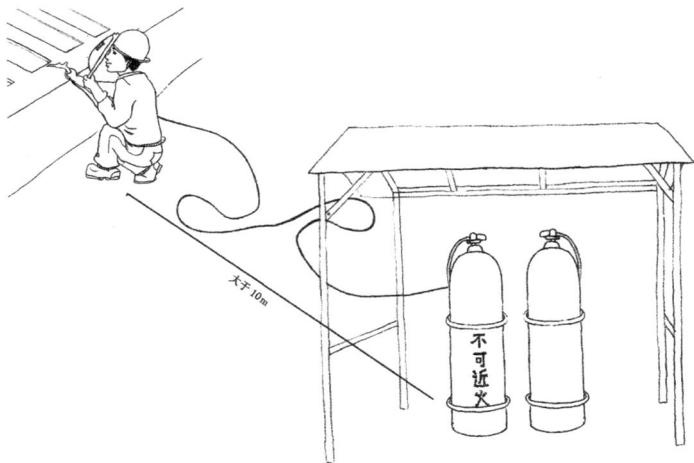

大于10m

不可近火

两瓶同明火作业点距离不小于10m。

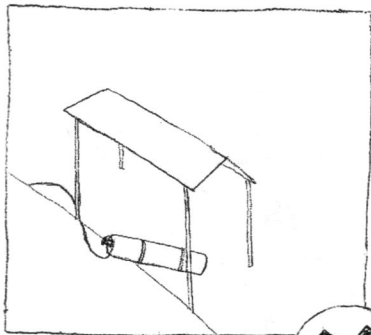

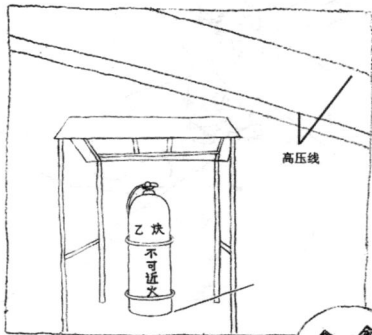

乙炔瓶要立放固定使用，放在空气流通好的地方，严禁放在高压线下面。

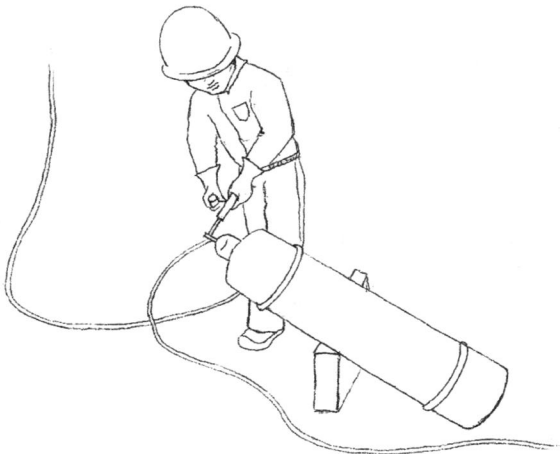

装置应经常检查和维修，防止漏气，同时要严禁气路沾油，以防止引起火灾危险。

氧气瓶、乙炔瓶在寒冷地区
工作时，易被冻结，此时只能用
温水解冻，不准用火烤。

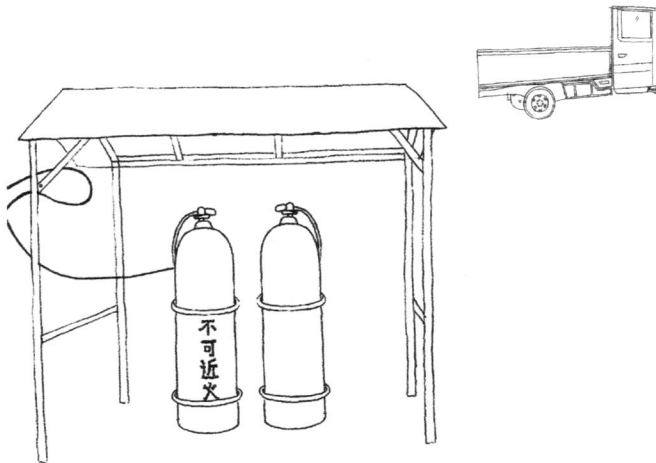

氧气瓶、乙炔瓶不得放在高温处或在日光下直射。

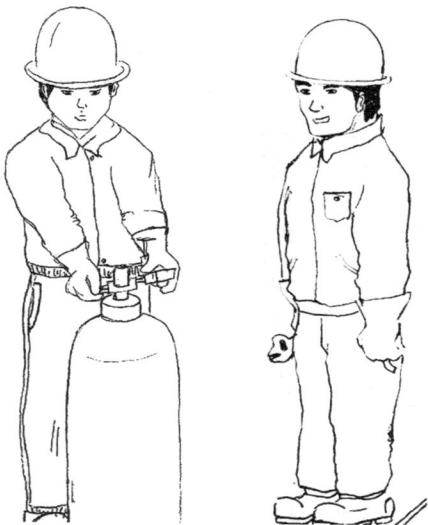

使用乙炔瓶时，必须配备专用
的乙炔减压器和回火防止器。

乙炔瓶瓶阀开启要缓慢平稳，以
防止气体损坏减压器。

　　点火前检查加热器是否有抽吸力。其方法是拔掉乙炔胶管，只留氧气胶管，同时拧开氧气阀和乙炔阀，这时可用手指检查加热器乙炔管接口处有无抽吸力。

　　有抽吸力时，才能接乙炔管进行点火，如果没有抽吸力，则说明喷嘴处有故障，必须对加热器进行检修，直至有抽吸力时，才能进行点火。

在点火或工作过程中，发生回火时，要立即关闭氧气阀门，随后再关闭乙炔阀门。

重新点火前，要用氧气将混合管内的残余气体吹净后进行。

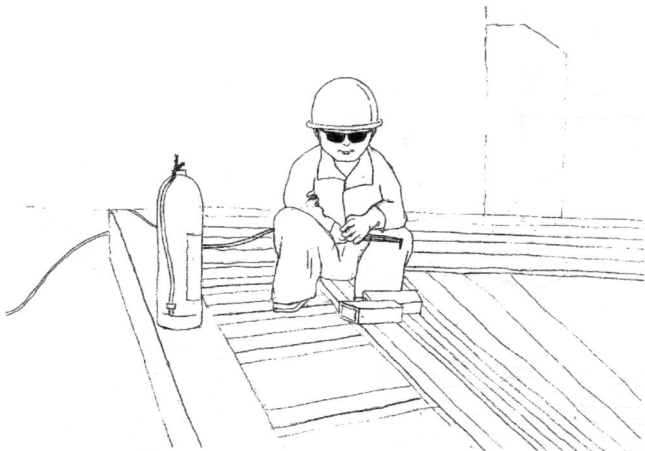

　　停止工作时，必须检查加热器的混合管内是否有窝火显现，确认没有窝火现象方可收起加热器。

　　氧气和乙炔气都不能用净。乙炔气剩余压力在环境温度为10～15℃时，留0.1～0.3MPa。氧气剩余压力应在0.1～0.2MPa以上。

　　点火时，焊枪口不准对人，正在燃烧的焊枪不得放在公建或者地面上。带有乙炔和氧气时，不得放在金属容器内，以防气体溢出发生燃烧事故。

2.3　油漆作业

各类油漆和其他易燃有毒材料，应存放在专业库房内，不得与其他材料混放。

挥发性油料应装入密闭容器内妥善保管。每次使用后，要及时盖好桶盖，防止挥发遇火燃烧。

　　在室内或地下室进行油漆作业时，应通风良好，备有灭火器材，作业面周围不准有火种。

　　沾染油漆的面纱、破布、油纸等废物应收集存放在有盖的金属容器内，及时处理倒在指定地点。

配料间
严禁烟火

在调油漆或对稀料时，室内应通风，不准在操作时吸烟，防止气体燃烧伤人。

用不完的料桶应退回仓库，不准到处乱放。

2.4　防水作业

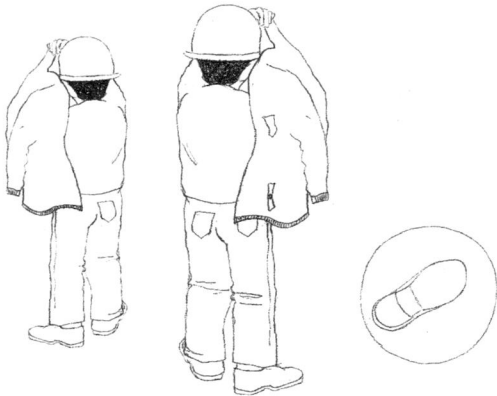

　　在进行防水作业之前，应换上工作服，工作服为阻燃材料特制，且工作鞋底不能有铁钉。

　　防水作业时，一人扶稳防水卷材，一人手持喷枪，注意喷枪应距防水卷材20cm(厘米)以上。

在进行防水作业时，作业现场应备有消防器材。

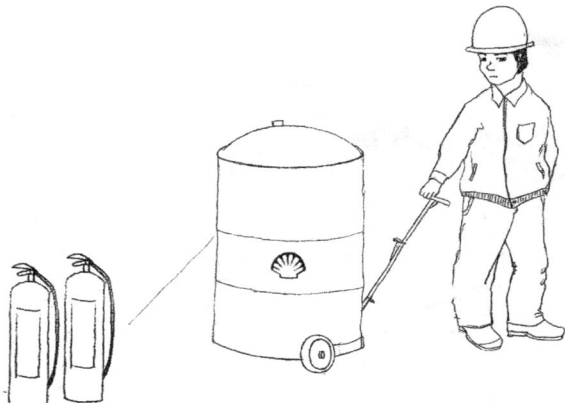

    油桶应远离明火作业区，以免引起桶内的可燃气体爆炸。搬运油桶时，要防止撞击产生火花，引起油桶爆炸伤人。此外，必须防止油桶锈蚀、渗漏，形成油气积聚，造成火灾隐患。

　　喷灯加油时，要选择安全地点，并认真检查喷灯是否有漏油或渗油的地方，喷灯加油不得过满，加到灯体容量的四分之三即可，打气不应过足。

　　喷灯点火时，火嘴不准对人，放气点火要慢慢地旋开手轮，防止放气太急起火。

　　喷灯作业时，火焰与加工部位应注意保持适当的距离，防止高热反射造成灯内气体膨胀而发生事故。

2.5 明火作业

　　具有火灾危险的场所禁止动用明火，确需动用明火时，必须事先向主管部门办理审批手续，并采用严密的消防措施，切实保证安全。

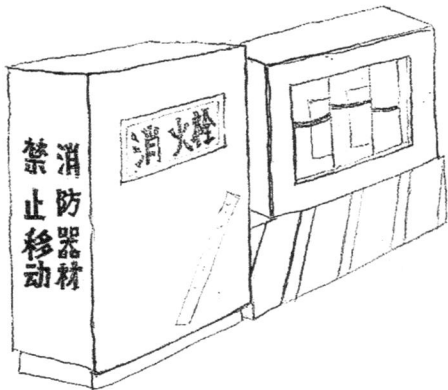

现场生产生活用火均应经主管消防的领导批准，使用明火时，要远离易燃物并备有消防器材。

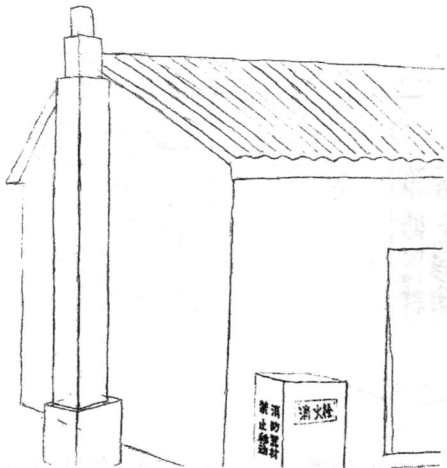

烟囱口邻近房顶的易燃材料处，要采取隔离措施。

使用木材边角料烧火时，要随时有人看管，不准用易燃油料点火。

易燃材料
堆放区

木料堆放不宜过多，垛与垛之间应保持一定的防火间距。

禁止烟火

木料堆放要有防火标志并备有防火器材。

施工现场的木工房，是重点防火部位，要有明显标志和足够的消防器材。

施工现场的木工房，要有防火制度、防火职责和责任人。

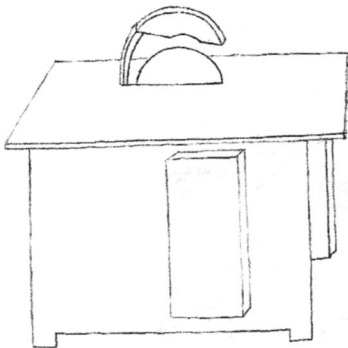

木材加工的废料要及时清理，做到活完脚下清，不留隐患。

木料加工工作结束后要及时拉闸断电。

3　不同施工阶段的防火安全注意事项

3.1 主体结构施工

在主体结构施工时，焊接量比较大，要增加看火人员。

高层施工时，点焊火花一落数层。如果场内易燃物多，应多设看火员严格检查。

高层施工时，应在在焊点垂直下方尽量清走易燃物，消灭火种。

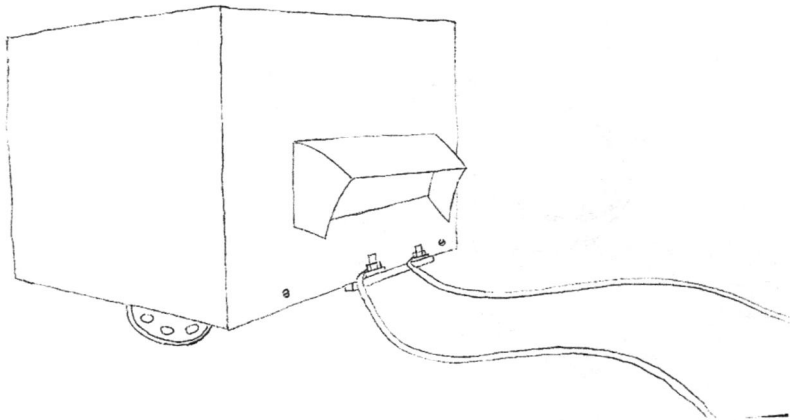

电焊线接头要掐实，焊线接头绝缘要良好，防止漏电打火。

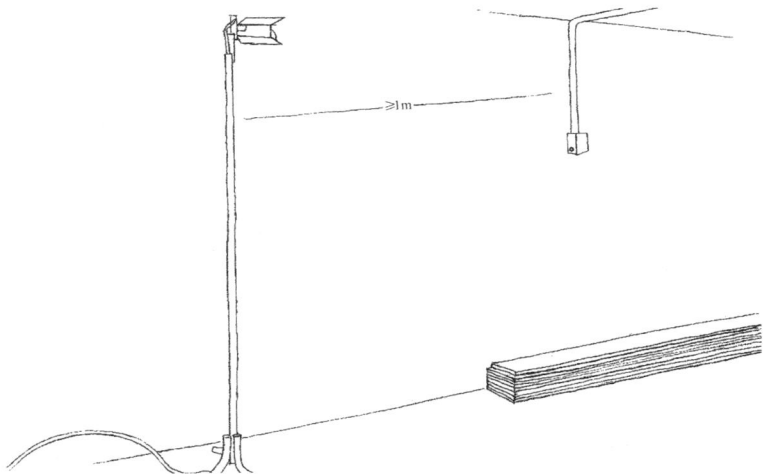

≥1m

结构施工用的碘钨灯要安设牢固，距易燃物要保持1m以上的距离。

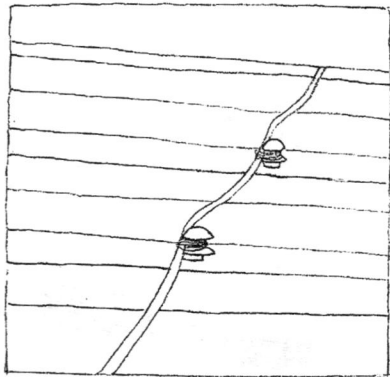

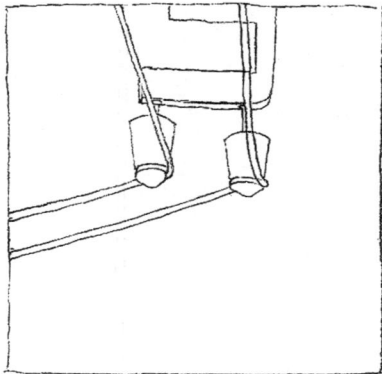

　　照明和动力用胶皮线应按规定架设，采用瓷瓶、瓷夹敷设，用绝缘子固定。严禁用金属裸线绑扎，固定点的距离应保证橡皮电缆能承受自重所带来的负荷。

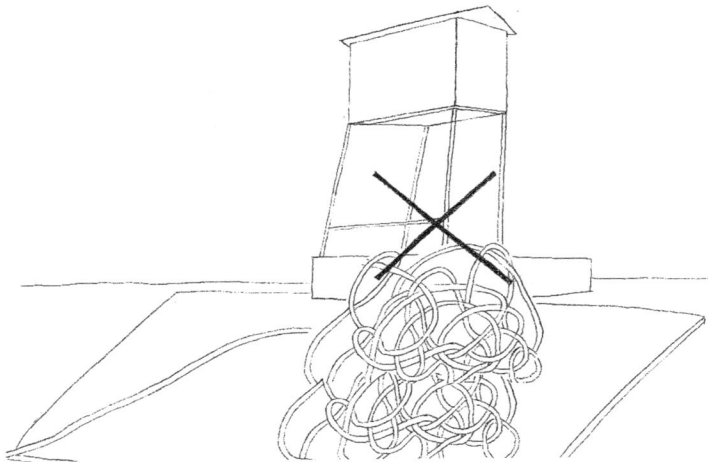

不准在易燃保温材料上乱堆乱放。

3.2 装修施工

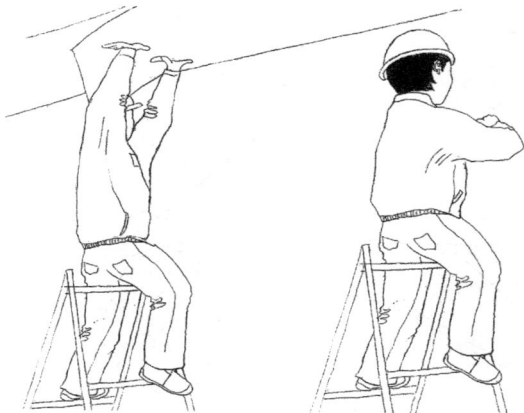

在装修施工时，易燃材料较多，对所用电器及电线要严加管理，预防短路打火。

在吊顶内安装管道时，应在吊顶易燃材料装上以前完成焊接作业；禁止在顶棚内焊割作业。

4 施工现场的防火安全

现场应划分易燃易爆材料区、用火作业区、生活区，按规定保持防火间距。

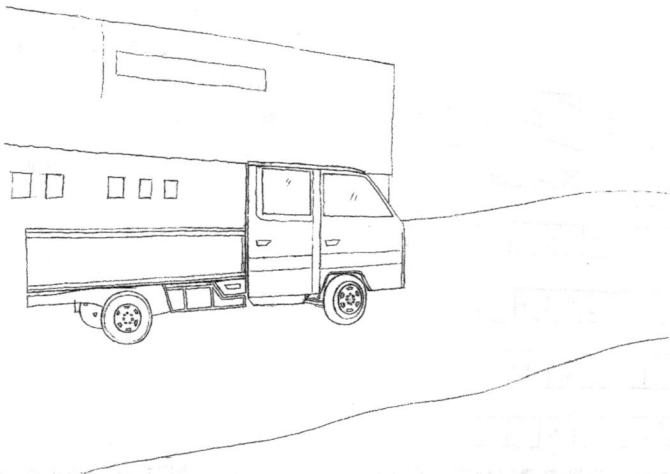

现场应有消防通道，宽度不小于3.5m。严禁占用场内通道堆放材料。

消防蓄水池规定

一 严禁乱动蓄水池内设备
二 严禁在蓄水池内洗涮
三 严禁用脏桶在蓄水池内提水
四 严禁向蓄水池内投杂物

公司经理部

现场应设专用消防用水管网，专人管理。

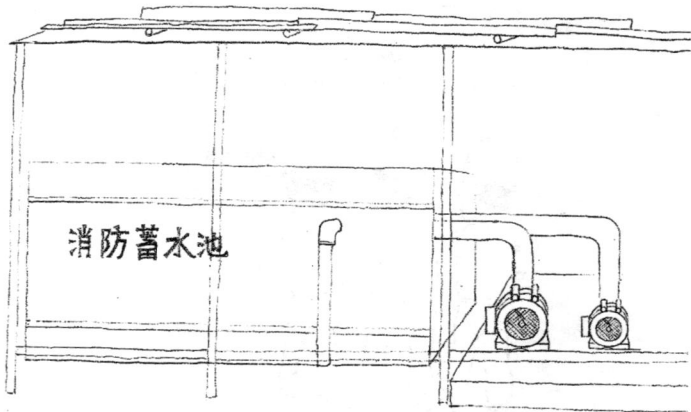

消防蓄水池

水泵、蓄水池等设施应保持完好。

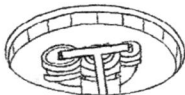

施工现场应配备消火栓，较大工程要分区设消火栓。

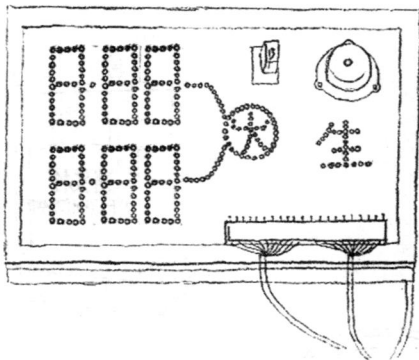

有条件的单位可以配备消防报警系统和装置，施工人员应掌握其使用方法。

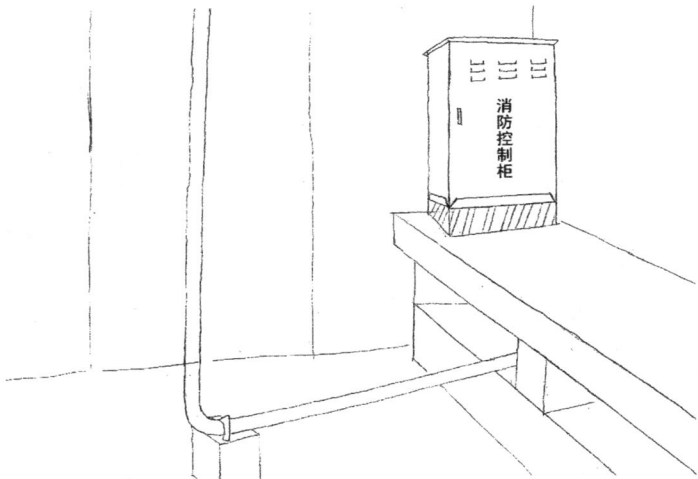

较高工程要设消防竖管，随施工进度接高，保持水枪射程遍及高大建筑的各部位。

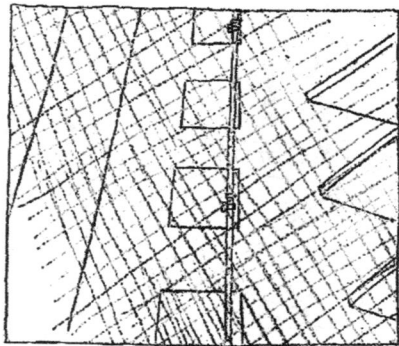

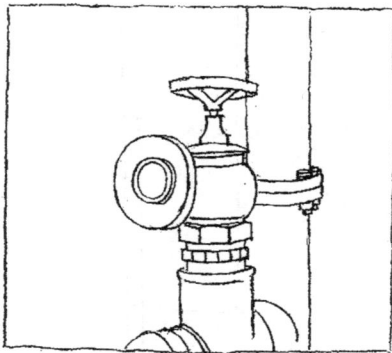

消防竖管随楼层升高，每隔一层设置一个消防栓口，配备水龙带。

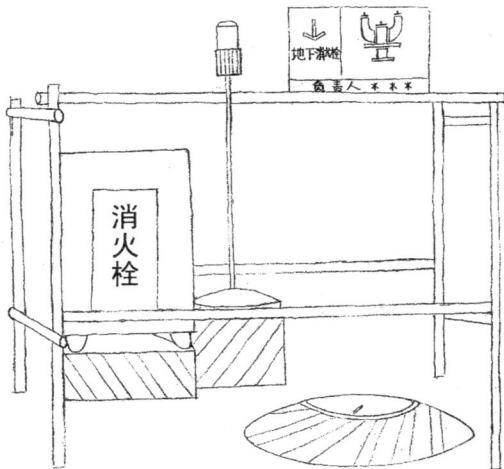

消火栓

地下消栓

负责人

现场临建设施、仓库、易燃料场和用火处，要有足够的灭火工具和设备。

　　对消防器材要有专人管理，对施工现场的消防器材要经常进行检查，发现损坏过期的要及时更换。

施工组织设计要有消防措施方案及设施平面布置图，并按照有关规定报公安消防监督机构进行审批或备案

消防平面图应包括：责任区划分及责任人、消防器材设施的位置、消防循环通道、重点防火区、防火安全间距、消防供水管网

5　生活区的防火安全

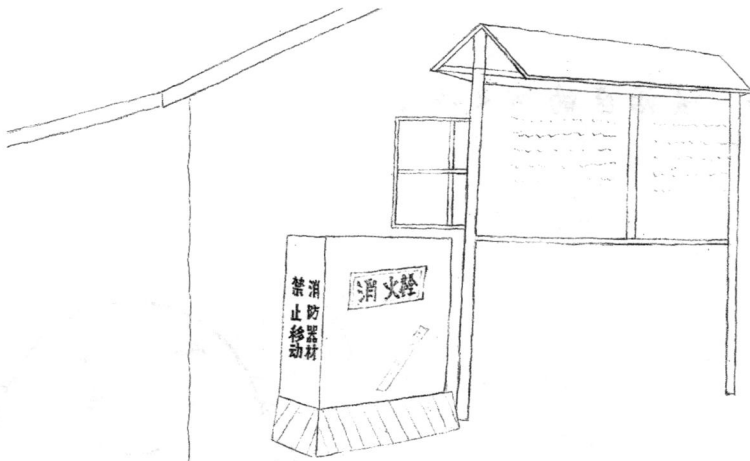

消防器材 禁止移动

消火栓

生活区用易燃材料搭设工棚要有足够的灭火器材。

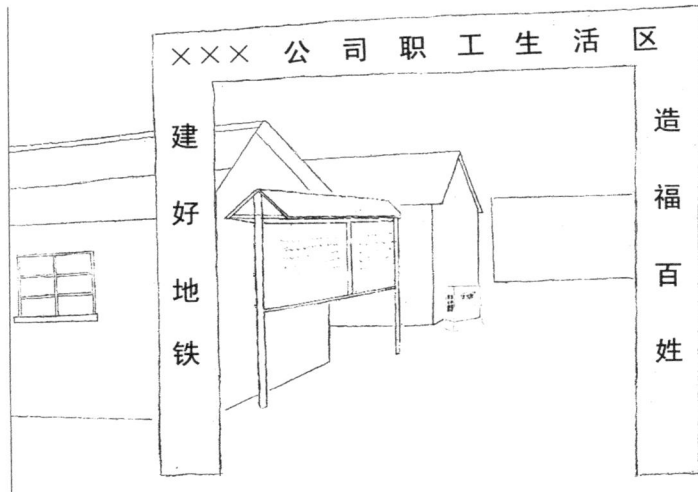

每幢工棚的防火间距城区不小于5m，农村不小于7m。工棚不得过于集中。

≥6m

不准在高压线下搭设工棚，在高压线一侧搭设工棚时，距高压线水平距离不小于6m。

锅炉房、厨房用明火的设施应设在工棚区的常年下风向处。

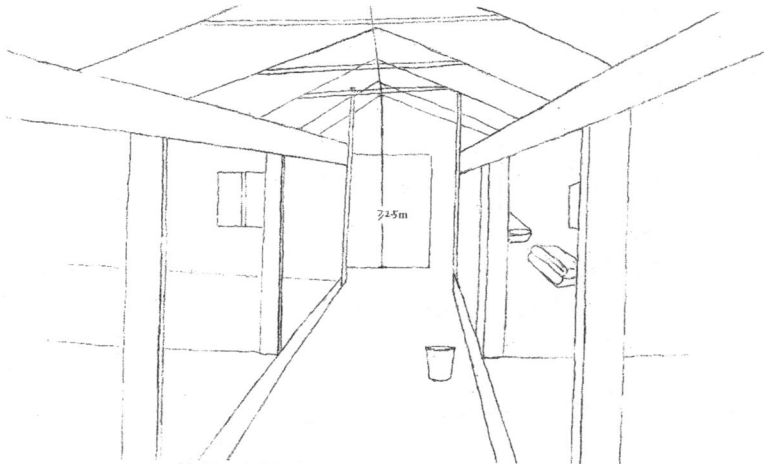

工棚内的高度一般不低于2.5m。棚内应留有通道。

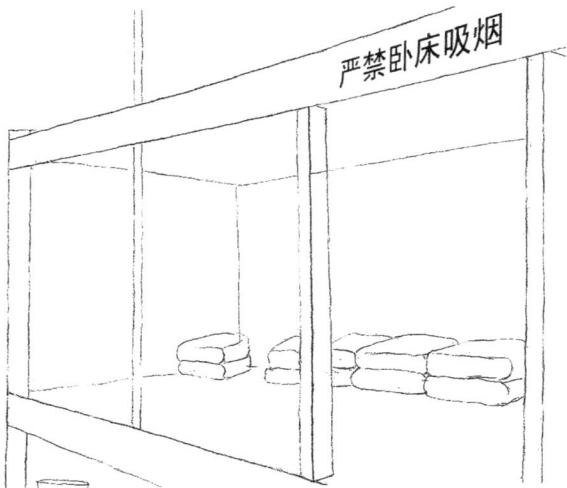

严禁卧床吸烟

工棚内严禁卧床吸烟，避免造成火灾。

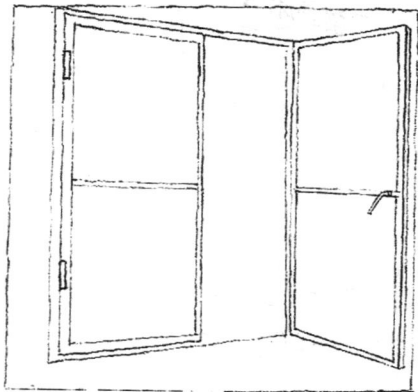

工棚应合理设门窗，门窗均应向外开。

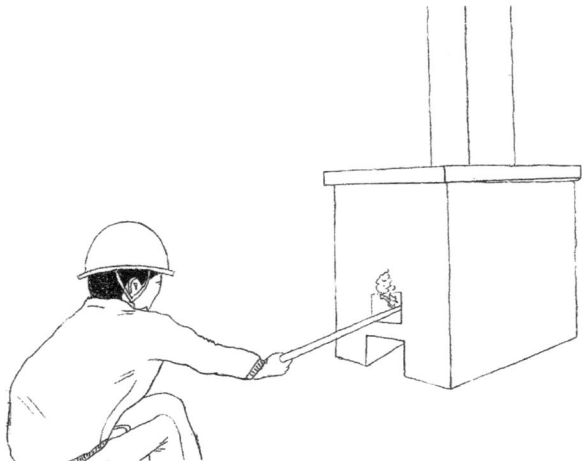

工棚内冬季用火炉取暖时，要办用火证，有专人负责用火安全。火炉旁不准堆放易燃点火物或渣土。

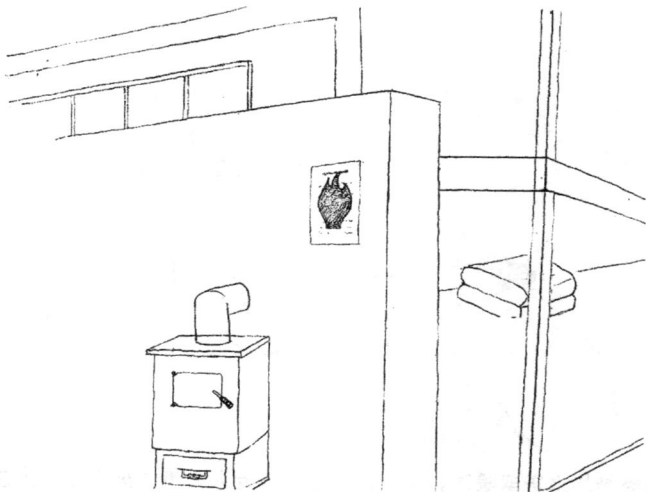

炉子距室内易燃物不小于0.8m。

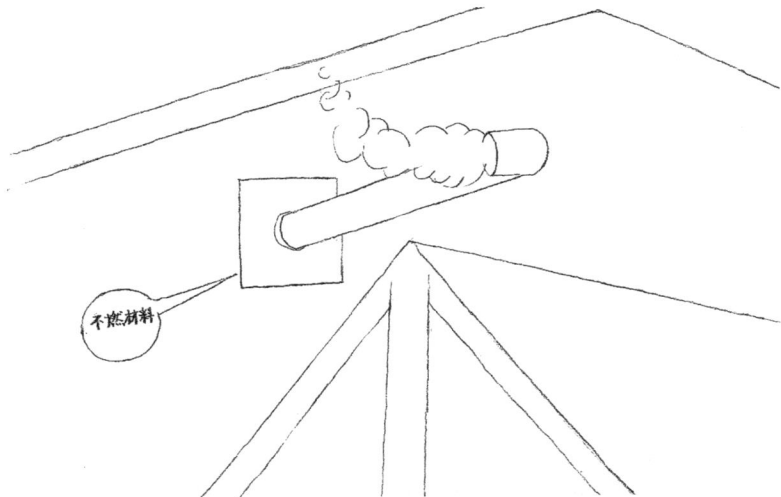

不燃材料

烟囱出墙处要用不燃材料隔挡。

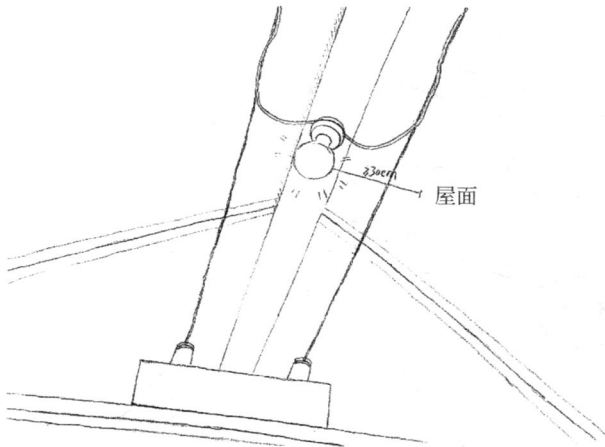

屋面

工棚内的灯具电线都应采用妥善的绝缘保护,灯具与易燃物一般都保持30cm间距。工棚内不得使用碘钨灯照明。

6 如何存放易燃易爆材料

存放可燃性压缩气体容器的库房，应用非燃烧材料支搭，符合防火安全要求。

禁止烟火

可燃性压缩气体容器的库房应备有消防器材和明显的消防标志。

化工库房

重点防火部位

防火负责人 ×××

易燃易爆物品应专库储存、分类单独存放。

存放易燃易爆物品的仓库应保持通风，用电符合防火规定。

禁止烟火

　　化学物品应按其性质设置专用库房，分类存放，其库房的耐火等级和防火要求应符合公安部制定的仓库防火安全管理规则，通风良好，并备有灭火器材。

7 积极参与义务消防队

　　施工单位必须严格执行中华人民共和国消防法和公安部关于建筑工地防火的基本措施，加强消防工作的领导，建立现场安全防火制度。

防火档案

建立防火工作档案，成立以单位工程施工负责人为组长、以安全负责人为副组长的消防管理小组

　　成立以单位工程施工负责人为义务服务队队长，以安全负责人为副队长的义务消防队，农民工应积极参与。

　　通过演习锻炼队伍，检验队伍，提高广大农民工的防火意识和素质，为消防工作打下良好的基础，为安全生产提供可靠的保证。